U0397129

你了解动物朋友吗

[法] 伊丽莎白·德·丰特奈 著
[法] 奥萝尔·卡利亚斯 绘　丁虹惠 译

广西科学技术出版社

Elisabeth de Fontenay
Dessins d' Aurore Callias

QUAND UN ANIMAL TE REGARDE

CONTENTS 目录

序言

我终于从大学哲学教授这个繁忙的工作中解脱出来了。现在，我隐居在法国一个宁静的小乡村，一整天都和各种动物待在一起（当然，那儿可不光有动物）。

在这里，我们居住的房子附近有一个小农场。有时农场主实在忙不过来，我就会到农场帮忙照看动物。

照看动物这个工作对我来说很简单，因为在小的时候我就熟能生巧了。当然，也许对你们来说，这一定还是很新奇的事。你们也许照顾过小猫小狗，但跟我的工作比起来，那太简单了。

比如给奶牛挤奶，在挤奶前，要先清洗一下它们的乳房；又比如帮农场上顽皮的小马驹洗个澡，好好给它们冲刷一下。噢，当我给它们喂食或是洗澡的时候，它们总是如此兴奋。它们期盼的眼神总是让我很高兴。

就这样，我待在一群可爱的动物中间，每每看着它们亮晶晶的眼睛，哲学的思维总一次次占据我的思想、我的灵魂。

那些时不时在我脑海中浮现的想法，我是多么想要跟你们一起分享，也想把我因为思考而感受到的快乐传递给所有孩子。

我也非常盼望能与你们一起思考讨论这些有趣的问题。

伊丽莎白

8月4日于厄德勒维尔[1]

---

①厄德勒维尔（法语：Heudreville-sur-Eure），是法国厄尔省的一个市镇，位于法国西北部。

惊叹动物世界的奥秘

哲学思考从小开始

亲爱的小伙伴，也许你会问：“为什么要给这套书起‘思考的魅力’这个名字，而不是‘思考真酷’，或‘我思考我

很酷’，或者‘思考是个什么东西’，再或者‘我们为什么要思考’？”真的，我也很想问编辑这个问题。嗯，也许他们会这样回答我们：因为他们这些哲学家，想让大家看到他们的思想变成有趣或很棒的文字，并因此而喜欢上他们。或许，看完全套丛书，你真的会喜欢上这些哲学家，当然也包括我，因为哲学家很可爱，哲学很有魅力，虽然哲学家说的每一句话未必都是对的。也许你会从此爱上思考，因为它会让你变得很酷，成为一个有魅力的人。

哲学家就觉得自己酷酷的，比如19世纪一位伟大的哲学家黑格尔曾说，弥涅耳瓦的鸟只有到了夜晚才会歌唱。这只鸟是罗马神话中智慧女神弥涅耳瓦的标志，其实就是一只猫头鹰。

思考，跟这只鸟有什么关系呢？黑格尔是想借此说明一个观点——哲学思考是在每个人生命的后半段才会形成的，就像弥涅耳瓦的猫头鹰要在黄昏之后才会歌唱一样。

这种解释是不是怪怪的？这套丛书的作者们可不同意黑格尔的观点。他们认为，孩子不仅可以接触哲学，而且从小学七年级（法国的六年级）开始，学校就应该开设哲学课。因为你们在成长的过程中会遇到很多的问题，也会经历很多事情，产生很多困惑，比如上学、游戏、考试、交朋友……这时候，哲学思考就可以帮助你们解除困惑，让内心变得强大。

上小学以后的孩子已经开始关注**形而上学的问题**了。他们对此关注的程度有时候

形而上学的问题：
同辩证法相对立的世界观或方法论。

亚里士多德（前384—前322）：古希腊哲学家、科学家。曾在学园中从柏拉图受业，也曾任亚历山大大帝的教师。他是古希腊哲学家中最博学的人物之一。

柏拉图（前427—前347）：古希腊哲学家，柏拉图学派的创始人。

比高中生更深。因为高中生会把毕业考试（高考）放在第一位，很难纯粹地去思考问题，也因此很难体会到思考所带来的美好。所以，能有时间思考，看来是一件很幸福的事情。

两位非常著名的古希腊哲学家**亚里士多德**和**柏拉图**都认为：**当一个人开始对外界事物感到好奇的时候，他就开始成为哲学家了。**

这么说来，孩子天生就是哲学家啦，因为他们一生下来就对这个世界充满了好奇。你还记得你小时候看着蚂蚁搬家，思考它们的家是什么样子吗？那是多么美好的时光。

那么，这种对外界事物产生的惊奇和诧异，会使亲爱的孩子你成为哲学家吗？

你了解动物吗

现在，就请和我一起开始思考之旅，在这本《你了解动物朋友吗》里，我们一起来探讨孩子面对动物以及动物面对孩子时，所表现出的特殊情感和关系。这些

充满奥秘的动物与人的思考所带来的惊奇，将会带领孩子们走入一个奇妙无比的思考世界。

这种动物带给我们的奥妙与惊奇并不陌生，我们常在人们偶然接触到身边宠物的眼神时发现：人们会意识到，他们几乎不了解它们小小的世界，这些宠物也无法向人们表达它们对周围环境的感觉。

这一点即使是哺乳动物也不例外，例如狗、马、猫、牛、老鼠、蝙蝠、刺猬（是的，它们都是哺乳动物），甚至还有与人类更为接近的猴子。

即使你每天和你的宠物猫一起睡觉，或是和你的宠物狗一起玩耍，然而对于它们的世界以及它们脑海中真实的想法，你也是知之甚少，更别提那些危险的野生动物了，比如蝙蝠！

与动物相处时，人们时而觉得与它们很亲近，时而觉得它们难以理解。

这种复杂的感觉，使人们很容易把自己的观点和情感加在动物身上。

他们很容易就认为动物肯定和人一样。他们用自己的方式去**解读**动物的行为，他们甚至把动物当成人类（更为确切地说，当成孩子）……但是，这样做的后果是，动物世界的奥妙被抹杀了，动物被**拟人化**了。

面对动物，人们早已没有了惊奇，觉得一切都合理，这对于哲学思维的形成是不利的。

当我们想要从哲学的角度，去探索动物世界的时候，**我们首先一定不能把动物拟人化，尤其不能用人类的方式去理解它们的存在和沉默。这是一种很傻的行为。**

动物是有生命和活力的生物

随着现代科技的发展，我们对动物的认识越来越多，越来越精确。但我们面对动物的奇特之处而产生的惊奇，并不会因此而减弱，反而可能会越来越强烈。

基因：
生物体遗传的基本单位，存在于细胞的染色体上。

举个例子，你知道吗，黑猩猩身上有约98.5%的**基因**与人类的基因相似。当我们在动物园里看到笼子里的黑猩猩时，一种**奇怪的感觉**会油然而生。这些动物与人类如此相近，但又如此不同，到底是为什么呢？

有一门专门研究动物行为的学科，叫动物行为学，主要研究动物与它们的生存环境，以及动物与其他生物的互动问题。还有专门研究灵长目动物的灵长目动物学，其研究对象是与人类很接近的猴子、猩猩等。这些科学研究能让人类更好地认识动物。

但是有一点是，所有这些科学研究都无法给我们一个正确的答案——**当我们面对动物时，它们的眼神就像是在向我们提问，这是为什么呢？**

你肯定特别想知道，为什么我们把这种与人类不同的生物，称为“兽”（法语中为bête）和“动物”（法语中为

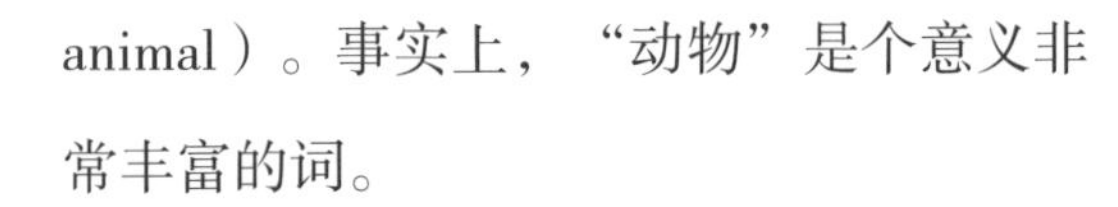

animal）。事实上，“动物”是个意义非常丰富的词。

从**词源学**上来说，animal这个词是从拉丁语中的“anima”演变而来的，而它所

指代的生物是有灵魂的。

直到18世纪，除了**笛卡儿**和他的学生（我们将在后面讨论），人们一直认为动物或多或少拥有灵魂。

笛卡儿
（*1596—1650*）：法国哲学家、数学家。

人们认为，不同种类的动物，它们的灵魂是不一样的，且**由低到高形成一个阶梯状的排列。这个阶梯的最上端是人类，他们的灵魂最为完美。**

“animal”这个词时刻提醒着人类去相信动物的独特存在，可以说，这是一种有哲学色彩的信仰。

法国人的祖先把动物认作人类的兄弟（当然，比人类要低等一些）。“animal”这个词也不允许我们把动物笼统地看成一些简单的、没有生命的物体。

与“动物（animal）”相比，“兽（bête）”这个词显得要粗俗一些。因为

塞克斯都·恩披里柯
（约160—210）：古罗马哲学家，怀疑论派的主要代表之一。

在拉丁语中，“bestia”这个词指代的生物是与人相对的一种生物。

“兽”这个词强调了动物的庞大、凶残和不智慧。同时“兽”这个词也可以用来指代家养动物，这样一来它也就有了很贴近人类生活的一面。在很久以前的乡村，每当夜幕降临的时候，人们会说：“天黑了，要把家禽赶回家了。”

就我而言，当我使用动物（animal）和兽（bête）这两个词时，我不会太刻意地去区分它们的意思。

我始终认为，我们所要认知的，是一种**有生命的、有活力的生物**。

毕达哥拉斯和恩培多克勒学派都认为，人类自身构成了一个团体，人类与神构成了一个团体，同时人类与动物也构成了一个团体。因为动物的思想和人类的灵魂一样潜入了世界各个角落，并将它们自己与人类联系在了一起。

——塞克斯都·恩披里柯

关于人类和动物的传说

神话中的动物

也许你们会觉得哲学家太严肃了，总是板着面孔说一些道理。为什么不能把哲学思考讲得像故事一样？讲故事可不是哲学家要做的事。但是在最开始的时候，哲学确实不像现在这样严肃。

柏拉图、**毕达哥拉斯**和**恩培多克勒**，这三位生活在公元前的哲学家，他们的思想充满了神话的色彩。

毕达哥拉斯（前580至前570之间—约前500）：古希腊哲学家、数学家。

恩培多克勒：（前495—约前435）：古希腊哲学家、诗人。

许多神话故事都解释了世界是怎样形成的，动植物和人类是怎样诞生的。神话故事中总是夹杂着神、人和各种动物。

在一些故事里，**我们甚至分不清哪个是动物，哪个是神，哪个是人**。

例如，很多人相信，在人类历史开始之前，这个世界上存在过**天堂**。

那个时候，人类和动物和谐相处，甚至可以相互对话。神话中还提到，由于神的指示没有被执行，神一怒之下打破了这种和谐。神话的时代结束了，取而代之的是现实世界。

历史事件中充斥着不公正和各种不幸。所以，人们总是**怀念那个失去的天堂**，那种完美的幸福，那种人类和动物之间美好的亲密互动。

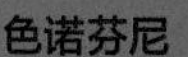

色诺芬尼（约前565—约前473）：古希腊哲学家、诗人。

同时，在最早的哲学对话中，人们还信奉一种神秘的思想：灵魂的转世。

神话故事解释了大自然万物是怎样形成的，并发展成了人们所熟悉的面貌，也解释了世界的秩序是怎样建立的。

但是，灵魂转世认为，**动物和人类的区别只是临时的**，灵魂是有可能发生转移的。

虽然这种想法现在看来极其不科学与不可信，但是当时秉持这种想法的人会以一个完全不同的角度去看待动物，他们会认为眼前的动物不是异族，并不低等。他们对它们**充满了同情**。

有一天，他走路时碰到一个人正在虐待狗，他停下来，用充满同情的口吻说道：“不要再打了！它的灵魂在呼喊，我听到了。”

——色诺芬尼

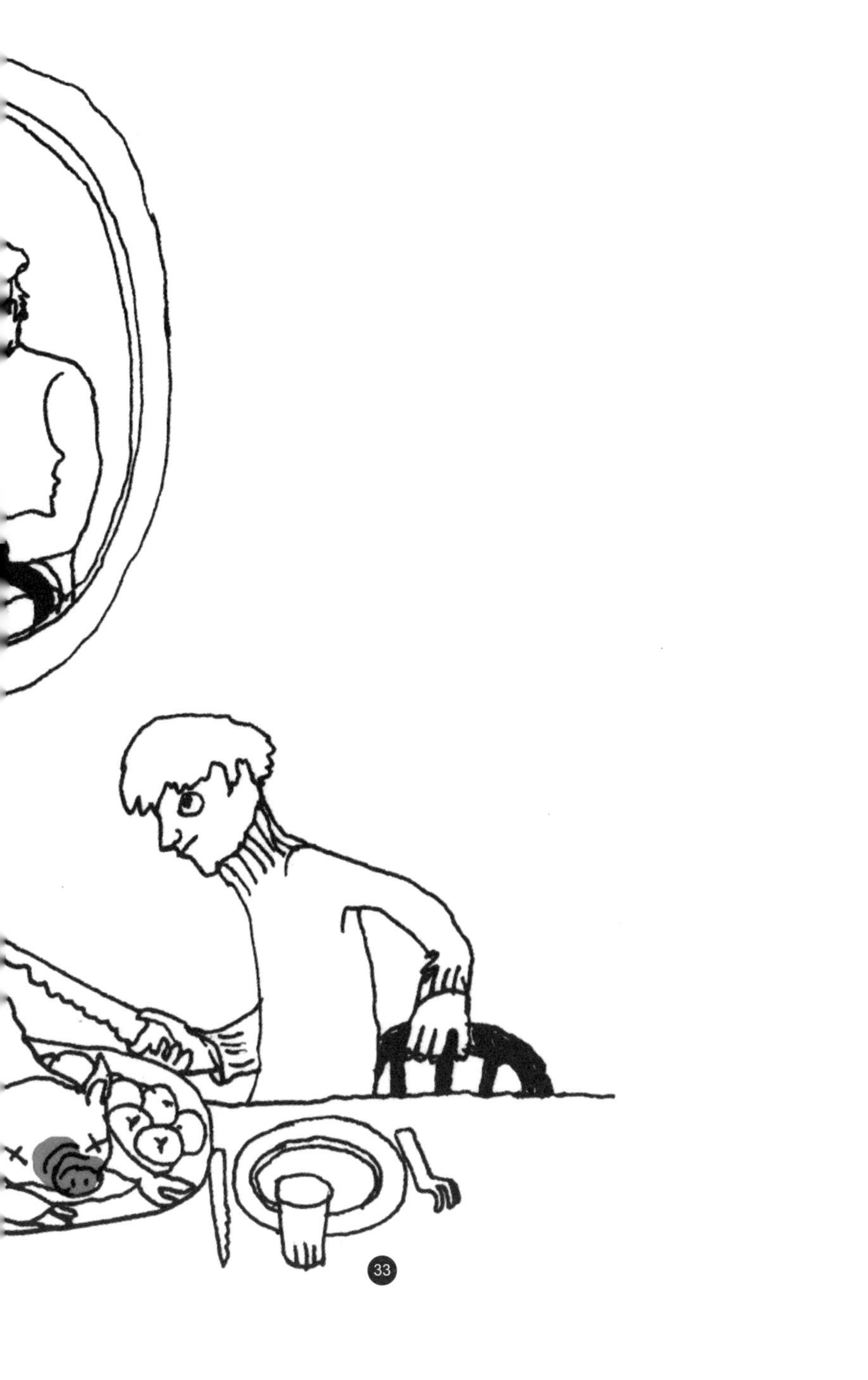

另一种批判学说

在整个西方思想的历史中，灵魂转世说一直都是被批评的。

17世纪的法国哲学家笛卡儿认为，灵魂转世这种思想太荒谬、太危险了。

因为这一思想把人类和非人类的灵魂放在同一层面考虑。这样一来，人们就无法支配动物这一上天赐予人类的礼物。

如果人类相信灵魂转世一说，那么人类怎么能支配动物呢？更别说将其屠宰用于买卖和食用了。

为了摒弃这种思想，他创建了一套新的理论：他认为人类是自然的拥有者和支配者。

根据这个伟大的哲学家的想法，要完全摆脱灵魂转世说和动物灵魂说的唯一方法，就是认为动物就是动物，无法和人类相提并论。

笛卡儿认为动物只是一套复杂的机器，没有任何灵魂，因此也不会有任何感觉、任何想法。

米什莱（1798—1874）：法国历史学家。著有《法国史》《罗马史》《法国革命史》等。

假设：对客观事物的假定。

这一**假设**对人类如何解释生物和生命产生了革命性的影响。它使得科学技术取得了飞跃发展。

但是，一些热爱动物的人士无法接受这一思想，他们认为这种思想对人和动物的关系产生了破坏性的作用。

你们谈论的不正是那些思想被恶仙女困住了的孩子吗?

他们从摇篮时期开始就无法理顺自己的想法,他们的灵魂也许受到了惩罚,他们的命运如此沉重。

这是一个悲伤的魔法，就像一个沉睡着的人一样，所有的一切都必须借助周围的亲朋好友的帮助。

——米什莱

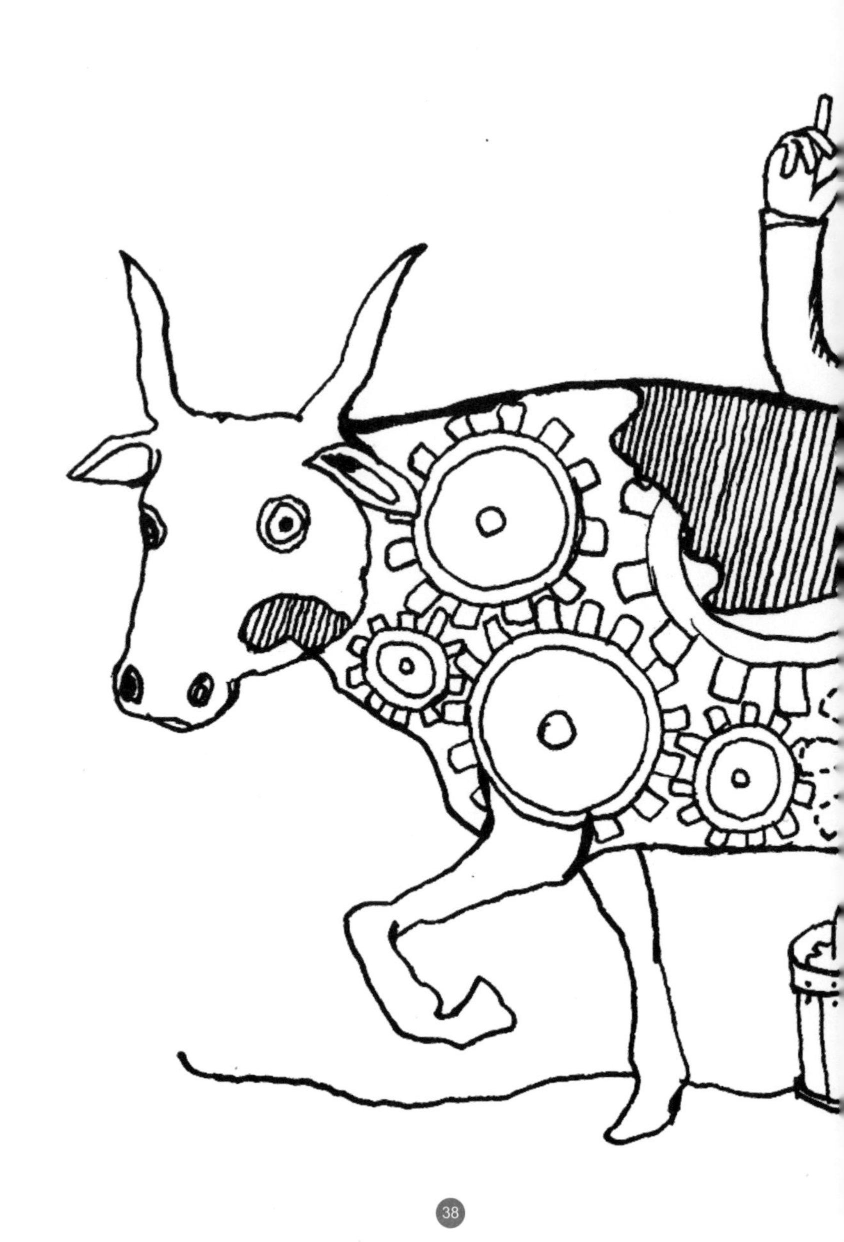

动物会说话吗

动物不会像人一样组织语言

关于这个问题，唯一可以确定的一点是，动物说话和我们人类不一样，它们不会连词成句地表达它们的想法。

那么鹦鹉呢？这可是个好问题！**鹦鹉和八哥都不会说话。因为当它们学人类说话的时候,它们并不清楚它们所表达的意思。**正如笛卡儿所说，它们只是一味地重复它们所听到的话语。

但是人类不同。当我们碰到一个新情况的时候，我们会组织语言来描述，并利将你自己放在一个只能阐述自己迫切需要的环境中，这时候你就能用你自己的语言来翻译处在相同环境中的喜鹊说的话了。

“这里没有什么可以吃的了，咱们去别处吧。”

“我的伴侣，你要去哪里？”

“我要走了，你赶紧跟上我。这里有好东西，你在哪里呢？”

“我在这里，你没有听到我的叫声吗？你把所有的好东西都吃光了，看我揍你！”

“啊，啊，你打疼我了。”

“那里发生了什么事？我害怕，赶紧躲起来。”

“是警报器。赶紧躲起来，谁来救我们！”

——佩尔·纪尧姆·亚森特·布让神父

用语言把信息传达给他人。

动物是否会说人类的语言，这一问题不值得过多讨论，因为答案实在太清晰了。

那么，如果动物不会像人类一样组成句子说话，这是不是代表了它们没有思想呢？这是个值得讨论和深思的问题。

笛卡儿认为动物是没有任何思想的。他给出的理由是，即使在动物之间也不存在语言。他把动物比作机器。虽然我们必须承认，这位哲学家的观点在17世纪起过重要的作用，但是我们是否要赞同呢？

这一观点打破了当时一些思潮的禁锢，使得科学家敢于用动物做医学实验。

有些科学家十分不赞同笛卡儿的观

点，即把一只有生命的狗比作只靠齿轮运作的钟表。

也有些人与笛卡儿的观点完全相反，比如法国著名的寓言诗人拉封丹。

蒙田

（1533—1592）：文艺复兴时期法国思想家、散文作家。

动物有自己的语言甚至思想

“鹿机智勇敢地躲避骑马的猎人。山鹑看到狗靠近它的幼鸟时，突然起飞然后落在地上一瘸一拐地走着，就像受伤了一样。当狗被它吸引，想要抓它的时候，它又会突然起飞，逃脱威胁。聪明的海狸会互相帮助，在水面上建起用于防御的水坝……”拉封丹认为，这些真实的故事清清楚楚地证明了动物是充满智慧，且有一定的思考能力的。

希望所有人都支持我，
动物是有思想的！
……
它们和孩子一样，
它们难道不是从小就开始思考吗？

——拉封丹

人类的尊敬和责任感，不仅把我们与那些有生命、有思想的东西联系到了一起，还把我们与花草树木联系到了一起。

对他人，我们要有正义感；对其他的物种，我们要坚持宽容与和善。我们与它们之间存在着各种关系与义务，且这种关系与义务是相互的。

我一点都不怕说我的内心是善良的，是单纯的。正是因为这颗善良的心，我不知道怎样去拒绝我的狗过分的要求。

——蒙田

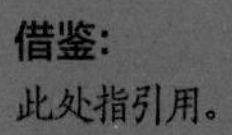

波菲利（约233—约305）：古罗马哲学家。

拉封丹**借鉴**了希腊哲学家**波菲利**的观点，认为每种动物都有自己的语言。拉封丹曾说："很多动物都有自己的语言，马的语言、狗的语言、鸟的语言……就像世界上有很多种人的语言一样，汉语、英语、印度语、希腊语、斯基泰语……"

当我们不会一门语言时，这门语言听起来跟母鸡叫没什么两样。就是这种习惯性思想让我们觉得动物是没有语言的，因为我们根本不懂它们叫声的含义。

这就像乌鸦断言除了它们的语言外，世界上不存在其他的语言。它们还认为其他物种都是没有思想的，因为其他物种的语言对它们而言毫无意义。

——拉封丹

归根到底，哲学家所有的争论都围绕着**理性**这个主题。

理性：
很多人认为这是人类特有的能力，是使人类能思考判断的能力。

有人认为动物有理性，甚至有很多理性；还有人认为理性是人与动物的区别所在，因此动物是没有任何理性的。

那么，让我们人类如此自豪的理性到底是什么呢？

理性，让人类统治了地球，让人类更好地把握了自己的命运；理性，使我们可以在生病时接受治疗，可以劳逸结合，甚至可以展望、规划未来。

但是，人类这种对自然的**掌控**，在很大程度上伤害了动物的存在，有时候也伤害了其他物种的存在。

掌控：
掌握控制。

动物不会像人一样探索未知世界

各个时代的哲学家就动物是否具有思想和语言不断辩论，这是一件好事。

因为人们能在这些对话中发现，我们不应该为自己优于动物而沾沾自喜；相反，我们应该更多地思考——怎样才能更好地利用人类的能力，让这个地球变得更美好。

就这一点来说，我相信你们应该都是赞同的。例如，我们可以经常问问自己，那些和我们一起生存的动物正在想些什么。

我建议那些骑马的人在下马的那一刻，想一想这个形而上学的问题。当然我

你认为动物和手表等机器是一样的。

如果你把一只“机器”公狗和一只“机器”母狗放在一起一辈子，会有第三只小“机器”狗出现。

但是，如果你把两只手表放在一起一辈子，你永远都得不到第三只小手表。

所以，我们认为，所有能孕育幼儿的物种都要比单纯的机器高贵得多。

——贝尔纳·丰特内勒

不建议他们在装马鞍、套马镫的时候想这个严肃的问题。

贝尔纳·丰特内勒（1657—1757）：法国诗人、哲学家。

我们最终否定了动物机器说，这归功于人类对灵长目动物研究的不断深入。

因为通过实验，我们发现猩猩能够**学着用人类的语言表达情感**。当然，它们由于受**发音器官**的限制，发音不可能和人类一样标准。

发音器官：使得声音发出来的器官。

我们还知道了，猩猩有很多的肢体语言。借助这一点，我们向它们教授一种美式手语。

有一只叫Washoe的母猩猩，在八个月大时被科学家收养用于研究。三年后，它掌握了68种手势，认识了150个单词，甚至还能遣词造句。

但是，猩猩学习语言和儿童学习语言，还是有很大区别的，这主要体现在三个方面。

首先，与儿童相比，猩猩学语言的过程要慢得多。

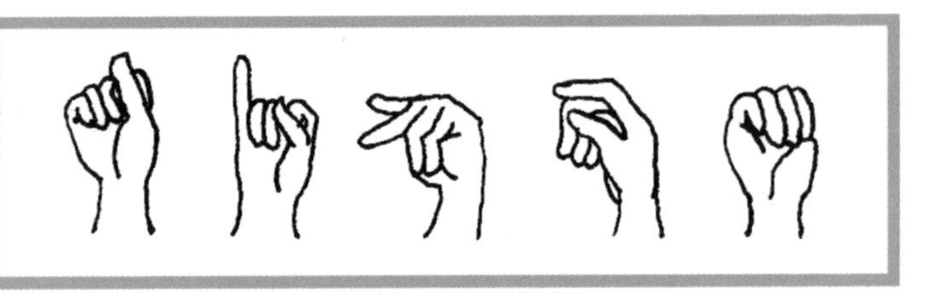

其次，一个三岁儿童所能掌握的动作与单词之间的对应组合，要比一只三岁的猩猩多得多。

最后，猩猩使用人类教给它们的手势和单词，是用于要求一些具体的东西；**而儿童使用这些手势和单词，却是用于寻求对未知世界的答案。**

就动物是否会说话这个问题，我们的结论就是：动物是有语言的。

毋庸置疑，动物用它们的语言来交流信息和情感，但是动物的语言是有很大局限性的，即使是灵长目动物也不能完全学好人类的高级语言。

动物有喜怒哀乐吗

动物有感知吗

当我在农场照顾那匹名叫蝴蝶的佩尔什马的时候，或者用手给奶牛挤奶的时候，我总能感觉到这些可爱的动物是如此兴奋。

每当这个时候，我的内心就会对某些形而上学的人充满愤怒。他们中的一些人如此**刻板**偏执，很愚蠢地认为动物不会表达它们的喜悦和痛苦。

刻板：
呆板，没有变化，不会随机应变。

笛卡儿也是其中一位。他说，一台机器是不能感觉外界的。同时，他还说，动物是机器，因此动物也不能感知外界（就

这一点而言，所有有感觉的人未必都会认同他的逻辑）。

他的学生**马勒伯朗士**的观点比他更为偏激。马勒伯朗士在一则哲学对话中描述了下面的一个场景。

甲说：“如果我用针刺狗的脚，它会立刻把脚收回去。由此看出，它是有灵魂，能感受痛苦的。”

乙（马勒伯朗士在对话中的代言人）反驳道：“它只是机械地收回它的脚，因为它身上有一种特殊的弹簧。”

甲又说：“但是，狗还为此吠叫，就像朝着人抱怨一样。这证明了它确实能感受到痛苦。”

乙就此回答道：“这只能证明狗是有

肺的。它叫只是因为空气快速地出入肺而已。”

至今，还有很多人继续相信并支持这一荒谬的理论。这是因为，这一理论可以支撑人类对动物进行一些残忍的实验，进行这些实验的时候，他们不用去想这些献身实验的动物内心在想什么，它们会不会觉得痛苦。

那些用动物做实验的研究者和屠宰场的员工，他们坚持认为动物什么都感觉不到，至少不会和人类一样感知世界。

很多年前，一些人也是用这种方式，来辩驳给小宝宝做手术是不需要麻醉的。这些人认为，小宝宝什么都感觉不到，因为他们意识不到他们正在经历的东西，他们也不知道怎样去表达。

“一只夜莺被人抓住，和其他的鸟一起关在笼子里。”

很显然，它的悲伤是如此巨大，用眼泪来表示的悲伤，都无法与此相提并论。这种悲伤是无声的，它把自己关了起来，似乎除了黑暗它什么都不要。它躲在笼子最深处的阴影里，食盒遮盖了它半个身子。它把它的羽毛撑开，眼睛闭着……它不想看，不想听，不想吃，也不想被安抚。

——米什莱

在他们看来，当动物被遗弃，或是困在陷阱里，又或是被迫与它们的孩子分离的时候，它们没有精神上的痛苦。动物在经历这些时发出的叫喊和呻吟，并不是在申诉它们所承受的肉体上的折磨。**他们体会不到动物叫喊声中包含的情感，**更体会不到动物的焦急、痛苦。但相信你只要看看在宠物医院里排队等候的猫狗，就不会认同这个观点。

动物也会感到痛苦

感知痛苦不是专属于人类的特性，人类只是能借助语言来表达痛苦而已。

而动物呢？动物没有什么可以拿来安慰自己的。当然，也许在某些情况下，人类充满善意的抚摸能让它感觉舒服一点。

痛苦、寂静、孤独……当动物被病痛折磨，或是受到外界侵袭的时候，这就是它的感觉。

它无法逃脱，也无法离开，因为是它的身体在忍受这种无法理解的疼痛。当然，动物也会经历所有积极的情感，比如兴奋、愉悦。

很多学者和研究员不愿意承认动物的情感存在，**承认它们也要处理与自己的关系，同时还要处理自己与外界的关系。**

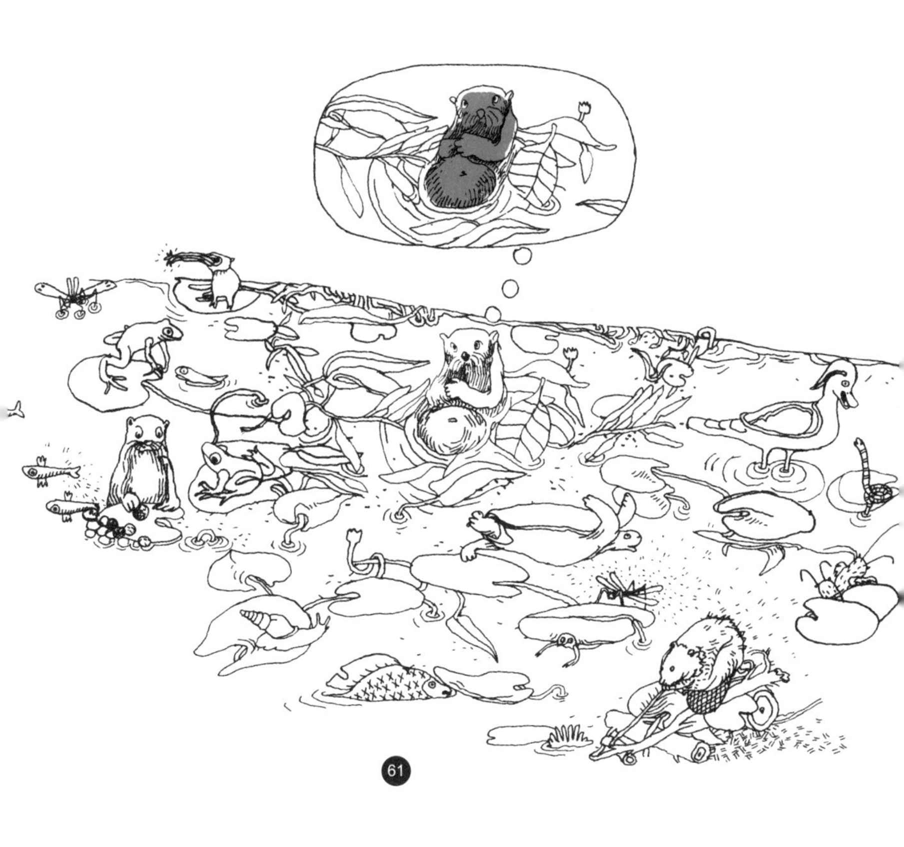

他们认为那些认为动物有感觉的人，是在把动物拟人化，在寻找动物与自己的共同点，他们认为这是极**不客观**的做法。

不客观：
不按照事物的本来面目去考察，加入太多主观因素。

为了更科学客观，在告诉你我的想法之前，我们要抵制这种对动物的拟人化；同时，我又觉得**为动物设身处地着想并不影响它的思想，也不妨碍任何正义。**

说到底，那些无视动物痛苦的冷漠的人，所缺少的是一点想象力——想象自己是别人，或是别的物种，然后设身处地地为它们考虑一下当下的处境。

18世纪一位著名的德国作家卡尔·菲利普·莫里茨曾这样描述一个小男孩：

“他总是花好几个小时去观察一头牛。

“他仔细地观察牛的头、耳朵、嘴巴以及鼻孔。他尽可能地靠近牛，并去触摸它，就像对待一个陌生人。

“他有时候也会思考，自己是否有可能慢慢进入牛的思想。他所有的努力都是为了搞清楚自己与牛之间的区别。

“有时候，他是如此投入，以至于他真的觉得，曾有一瞬间他走进过这种生物的神秘世界里。”

人类与动物之间该如何相处

动物和人类的相互性

大部分的哲学家都反对赋予动物和人类相同的权利。

理由很简单：动物没有区分善恶的意识，不能利用语言来签订合同互相制约。总之，它们不能构成**法律**关系的主体。

法律：
一系列由立法机关制定，国家政权保证执行的行为规则。

但是，还有一些哲学家和很多的作家，他们反对人类独享权利，认为这是一种不公正的方式。

他们对此的论点一样有力。当然，他们不会像中世纪时的人那样，认为动物能对自己的行为负责。

比如，一旦动物伤了人，甚至是杀了人，又或是动物损害了人类的财产，人类会将“犯罪”的动物带到法庭上。

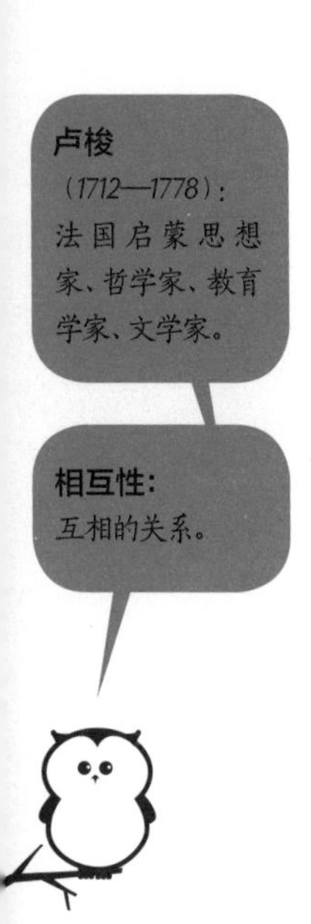

相反，他们认为动物与人类之间的关系是单线的，没有**相互性**。如果那些残忍的人不能受到法律的制裁，那么那些用来保护动物的法律，只能是我们人类自以为是了。

首先，这些哲学家认为，动物缺乏意识，不懂语言，不能辨别善恶，这些都不能构成动物不受法律保护的理由。

因为它们能感知痛苦和快乐，它们热爱真善美，虐待它们会使它们痛苦，而这是唯一重要的因素。

其次，即使动物不能给予人类承诺，难道我们就不能说它们的情形，与小朋友或是无法自己做决定的病人的情形相似吗？

有感知，这是人类与动物的共性。这一共性至少应该能让人类与动物之间不互相无谓地伤害。

——卢梭

监护人：
法律上负责监护的人。

立法：
国家权力机关按照一定程序制定或修改法律。

虐待：
残忍地对待。

在人类社会里，如果有需要，这些脆弱的人将会受**监护人**的保护。

在西方国家的**立法**体系中，法律也对动物采取同样类型的保护。当那些对动物的痛苦无动于衷的人，残忍地**虐待**动物的时候，一些动物保护机构会对受害的动物行使监护的权利。

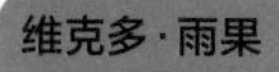

维克多·雨果（1802—1885）：法国作家。法国浪漫主义文学的重要代表。代表作有《巴黎圣母院》《悲惨世界》等。

就像19世纪一些追求民主的作家为动物争取权益一样。他们认为，对动物的保护是捍卫人权不可缺少的一部分。这些善良人士包括米歇尔、**维克多·雨果**、维克多·舍尔歇。

但是，如果我们要在这条路上走得更远，做得更好，我们所面临的问题将会很难解决。

例如，如果我们只谈农场上的动物，那么我们至少要为每种动物立个法，因为我们保护牛不能跟保护鸡一样。

遗传学：研究生物遗传和变异规律的科学。

另外，随着动物生态学和**遗传学**的发展，我们对某种动物的生活习性了解得会越来越多，越来越深。

因此，在平时或是在它们将要被杀害的时候，我们能找到保护这种动物的更好的方式。

人类要保护动物

综上所述，我们所面临的第一个问题就是：法律应该考虑到每种动物的独特性，但是这种考虑违反法律面前人人平等的原则。

我们所面临的第二个问题是：法律应该与时俱进，与知识的发展相一致。法律在面对不同动物时应具有**相对性**，这与现

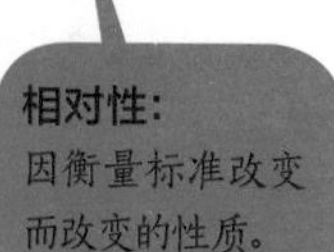

相对性：因衡量标准改变而改变的性质。

边沁（*1748—1832*）：英国伦理学家、法学家与哲学家。

一匹成年的马或一只成年的狗比一个一天大、一周大或者一个月大的婴儿更有理性。

设想一下，如果情况变一下，那么随之而来的改变会是什么呢？

问题不会是它们是否能思考，也不会是它们是否会说话，而是它们是否会感受到痛苦。

——边沁

实中不考虑多样性的法律决策相矛盾。

但是，我们不能因为这些困难就**放弃保护动物的权益**。

我们首要考虑的自然是与人类最接近的灵长目动物。想象一下，一只猩猩正用它好奇、焦虑或是友好的眼神望着你。

接着，我们再来说说那些野生动物。

研究表明，像大猩猩、大象、河马和犀牛这些野生动物，如果我们对它们置之不理，它们可能就会从地球上消失。

此时会发现，保护与我们人类关系很亲密的家养动物的法律，在野生动物那里是行不通的。然而，我们仍然要设法禁止那些残忍地杀害动物用来食用或是买卖的行为。

这就是为什么有人认为，野生动物应该被看作**人类遗产**来保护，就像保护古老的城池和历史遗迹一样。

这样一来，没有人再有权利来伤害、买卖野生动物了。人类没有权利**挥霍**这种遗产，**因为我们有义务保护好地球的原本面貌，将地球资源留给我们的子孙后代！**